特色农产品质量安全管控"一品一策"丛书

平湖西瓜全产业链质量安全风险管控手册

郑蔚然　李勤锋　徐冬毅　主编

中国农业出版社
北　京

编 者 名 单

主　　编　郑蔚然　李勤锋　徐冬毅

副 主 编　狄艾芳　费冰雁　程　序　雷　玲

技术指导　吴　平　杨　华　褚田芬　赵学平

参　　编　（按姓氏笔画排序）

于国光　王夏君　刘　琳　李　辉　李建强

吴　琛　张连忠　张美钰　陈　敏　赵　川

贾伟娟　钱文婧　徐珂音　盛　慧

前　　言

平湖西瓜（Pinghu watermelon）为葫芦科西瓜属植物，肉质细嫩、汁多爽口、鲜甜味美，深受消费者喜爱。2005年，平湖西瓜通过国家地理标志产品认证。2024年，平湖马铃瓜和平湖天露西瓜成功入选"2024年全国名特优新农产品名录"。目前，平湖自主选育的西瓜品种越来越多，天露1号、天露2号、天露3号、天露佳黄等4个品种获得非主要农作物品种登记。据统计，平湖西瓜现有种植面积约666.67hm^2，年产量约2万t。

近年来，平湖西瓜产业快速发展，种植规模不断扩大，但在发展过程中也存在一些问题，如农药残留超标、重金属污染等。因此，西瓜生产过程中，要严格做好质量安全风险管控，以确保质量安全。在特色农产品全产业链质量安全风险管控（"一品一策"）重大项目的支持下，浙江省农业科学院农产品质量安全与营养研究所与平湖市农业农村局在调查、试验、研究和评估的基础上，围绕绿色、安全、优质、高效生产目标，在《平湖西瓜绿色生产技术规程》(T/ZNZ 133—2022)、《平湖西瓜生产基地建设规范》(T/ZNZ 134—2022)、《绿色食品 平湖西瓜生产技术规程》(T/ZLX 066—2023)、《地理标志证明商标 平湖西瓜生产技术规范》(DB3304/T 108—2023) 和《平湖西瓜》(T/ZNZ 253—2024) 等系列标准的基础上编制形成《平湖西瓜全产业链质量安全风险管控手册》一书，以期为平湖西瓜产业高质量发展提供指导。

衷心感谢浙江省农业农村厅、浙江省财政厅对特色农产品全产业链质量安全风险管控（"一品一策"）项目的大力支持。本书在编写过程中得到了相关专家的悉心指导，参考了国内有关资料，在此一并表示感谢。

由于编者水平有限，不足之处在所难免，敬请广大读者批评指正。

编 者

2024年10月

目　　录

前言

一、平湖西瓜概况 ………………………………………… 1
二、平湖西瓜品种介绍 …………………………………… 5
三、西瓜质量安全关键控制点及技术 ……………… 10
四、西瓜生产十项管理措施 ………………………… 13
五、西瓜生产投入品管理 …………………………… 44
六、产品认证 …………………………………………… 50

附录 ……………………………………………………… 54
　　附录1　农药基本知识 ……………………………… 54

附录2　西瓜相关标准 …………………………………… 58

附录3　中国西瓜农药最大残留限量 ……………… 61

附录4　国内外西瓜农药最大残留限量比对 ……… 75

一、平湖西瓜概况

　　西瓜，是葫芦科西瓜属一年生蔓生藤本植物，形态一般近似球形或椭圆形，颜色有深绿、浅绿或带有黑绿条带或斑纹；瓜子多为黑色，呈椭圆形，头尖；茎枝粗壮，有淡黄褐色的柔毛；叶片如纸，呈三角状卵形，边缘呈波状。西瓜的原产地是非洲热带的干旱沙漠地带，主要种植在热带地区，9世纪从西域传入我国后各地开始栽培。据联合国粮食及农业组织（FAO）统计，截至2022年，全球西瓜产量为9 995.76万t，我国西瓜产量为6 038.61万t，占全球西瓜产量的比重为60.41%，是全球最大的西瓜生产国和消费国。2022年，全球人均西瓜占有量仅有12.26kg，而我国平均每人吃掉了42.77kg的西瓜。

　　浙江省西瓜大面积种植始于20世纪80年代，兴盛于90年代。新中国成立初期，浙江省栽培的西瓜以农家品种为主，如马铃瓜（平湖市）、小白西瓜（宁波市）、安华西瓜（金华市）等。90年代中后期，消费市场对西瓜的优质化和多样化需求更趋明显，小型西瓜开始大面积栽培。这些特早熟小西瓜品种在生产上的推广应用，加上大棚早熟栽培技术和秋季延后栽培技术的推广，使得西瓜采收供应期大幅度延长，西瓜产业不断发展壮大。

平湖市境内地势平坦，平均海拔4.6m（吴淞高程），呈东南—西北倾斜地势。土壤类型以青粉田、泥田土为主，土层分化明显，具有较厚的耕作层，土体构型良好，调节缓冲力强，宜水、宜旱，土壤肥力高，富含有机质和多种矿物质。水资源属太湖水系，地表水源充沛丰富，供水条件好。属亚热带季风气候，日照充足，春暖秋爽，土地肥沃，有效积温长，昼夜温差大，十分有利于西瓜的种植。

平湖市是全国闻名的西瓜产区之一，平湖西瓜号称"江南第一瓜"，享誉江苏省、浙江省、上海市。2000年，平湖市被中国特产之乡命名暨宣传活动组委会命名为"中国西瓜之乡"。2001年，金平湖牌西瓜在嘉兴市农业博览会和中国浙江国际农业博览会上分别被评为"名牌"产品和"金奖"产品。2003年，金平湖牌西瓜被确定为"浙江省绿色农业重点推广优质果品"。2005年5月，金平湖牌西瓜获国家A级绿色食品认证。2008年8月，金平湖牌西瓜获浙江省名牌农产品称号。2010年，金平湖牌西瓜荣获浙江省著名商标称号。2013年和2015年，金平湖牌拿比特西瓜荣获浙江省精品西甜瓜评选金奖。2017年，金平湖牌西瓜获得浙江精品果蔬展销会金奖，平湖西瓜成功入选农业部"2017年度全国名特优新农产品名录"。2019年，金平湖牌金比特西瓜、春怡牌天露1号西瓜、嘉印牌锦霞八号小西瓜荣获浙江精品西瓜评选金奖。2021年，西马桥牌天露3号西瓜荣获2021浙江精品西瓜评选金奖。2022年，平湖西瓜地理标志证明商标注册成功；平湖西瓜文化系统入选浙江省首批重要农业文化遗产资源名单；平湖马铃瓜获评2022年浙江省十大优异农作物种质资源。2023年，西马桥牌天露3号西瓜荣获2023浙江精品西瓜评选金奖；2023年度浙江农业之最纪录发布，平湖西瓜以单株产量43.85kg新设纪录。2024年，平湖马铃瓜和平湖天露西瓜入选"全国名特优新农产品名录"；2024年马铃瓜被列入第三次全国农作物普查优异种质资源；天露3号、天露佳黄获得非主要农作物品种登记证书。截至目前，加上此前的天露1号、天露2号品种，平湖已经有4个自主选育的西瓜登记品种。

平湖市西瓜生产区域遍布全市各个镇、街道，现有种植面积约1万亩[*]，年产量约2万t。近年来，平湖市扎实推进西瓜产业高质量发展，2021年出台《平湖西瓜振兴计划五年行动方案（2021—2025年)》，通过西瓜品种优培优育、品质严控严选、品牌做强做响等方式，不断提高西瓜生产经营的专业化、规模化、标准化、集约化和数字化水平。平湖市不断加大本土西瓜品种培育力度，加强与国内农业大专院校、科研院所的科技合作，使平湖西瓜拥有自己的"种子芯片"，独有"红、黄、橙、彩虹"4种瓤色。随着振兴计划的推进，平湖市培育出了马铃系列、天露系列众多高品质西瓜品种，马铃瓜、天露3号、天露彩虹、天露小佳黄更是成为平湖特色西瓜品种。随着西瓜产业不断发展，平湖市当前已形成品种改良、种植、销售、深加工全产业链，有效地带动了一二三产业融合发展，其市场前景十分广阔。

---

* 亩为非法定计量单位，1亩≈667m²。——编者注

二、平湖西瓜品种介绍

平湖西瓜种植采用西瓜蜜蜂授粉技术和西瓜全程质量控制技术，品种多样，深受消费者喜爱。平湖西瓜品种简介见表1。

表1　平湖西瓜品种简介

名称	特点	备注
马铃1号	橙瓤、优质、风味独特	—
马铃2号	橙瓤、优质、风味独特	—
马铃彩虹	彩瓤、品质特优、风味独特	—
天露1号	红瓤、优质、抗病、高产	非主要农作物登记品种 2019年浙江精品西瓜评选金奖
天露2号	红瓤、优质、抗病、耐贮运	非主要农作物登记品种 2024浙江瓜菜新品种大会推介品种
天露3号	红瓤、优质、抗病、耐贮运	非主要农作物登记品种 2022浙江种业博览会推介品种 2021年、2023年浙江精品西瓜评选金奖
天露4号	红瓤、品质特优、抗病、高产	
天露5号	红瓤、抗病、抗裂	

（续）

名称	特点	备注
天露无籽	红瓤、无籽、抗病、抗裂	—
天露彩虹	彩瓤、品质特优、风味独特	2020年浙毗邻地区擂台赛最受市民欢迎奖 2023浙江种业博览会推介品种
天露小彩虹	彩瓤、小果、品质特优	—
天露小红	红瓤、小果、品质优	2023年第七届国际瓜类学术大会优秀品种
天露佳黄	黄瓤、优质、抗病、高产	非主要农作物登记品种
天露小佳黄	黄瓤、小果、品质特优	—
天露小黄	黄瓤、小果、品质特优	2020年、2022年浙江省优秀西瓜品种 2023浙江种业博览会推介品种
天露金橙	橙瓤、品质特优、风味独特	—

马铃1号　　　　　　　　马铃2号　　　　　　　　马铃彩虹

天露1号　　　　　　　　天露2号　　　　　　　　天露3号

天露4号　　　　　天露5号　　　　　天露无籽

天露彩虹　　　　　天露小彩虹　　　　　天露小红

天露佳黄　　　　　　　　　　　天露小佳黄

天露小黄　　　　　　　　　　　天露金橙

三、西瓜质量安全关键控制点及技术

为了降低平湖西瓜生产过程中的质量安全隐患，遵循全程控制的理念，在园地选择、品种选择、栽培管理、病虫害防治、产品检测、采收管理、西瓜储藏、包装运输、生产记录、产品溯源等环节提出了控制措施。

（一）质量安全关键控制点

健壮栽培、清洁生产和绿色防控作为三大关键控制点，是减少农药和重金属残留，保证西瓜质量安全的三大重要途径。

1. 健壮栽培——提高平湖西瓜的抗病虫害能力

- ✓ 品种选育：优选适合当地种植、丰产性好、品质优良、抗病和抗逆性强的品种。
- ✓ 平衡施肥：适时适量施肥。
- ✓ 整枝理蔓：采用一主二侧的三蔓整枝法。主蔓长60cm时整枝，去除多余侧蔓，剪除基部较弱的子蔓，同时调整瓜蔓生长方向，使瓜蔓在畦面均匀分布，坐果后可不再整枝。

2.清洁生产——创造植株健康生长、减少病虫害发生的环境，加强农业投入品中重金属的控制，以及采收和加工过程中的清洁生产管理

- ✓ 产地环境：产地环境符合国家标准要求，生态环境优良。
- ✓ 农业投入品：控制基肥、追肥中的重金属带入问题。
- ✓ 采收贮运：操作、器具和材料等应达到质量安全要求，避免微生物和细菌、病菌的侵染；避免重金属的迁移污染。

3.绿色防控——减少化学农药的使用

- ✓ 优先采用农业防治、物理防治和生物防治等绿色防控措施。
- ✓ 根据防治适期，合理选用高效、低毒、低残留的农药种类，降低西瓜中的农药残留风险。

（二）六大关键技术

四、西瓜生产十项管理措施

（一）园地选择

宜选择地势高燥、土层深厚、疏松肥沃、排灌方便的田块，土壤pH以5.0～7.0为宜。周围5km内无"三废"及其他污染源，距离交通主干道200m以上。

环境空气质量、农田灌溉水质、土壤环境质量应符合《环境空气质量标准》（GB 3095—2012）（表2）、《农田灌溉水质标准》（GB 5084—2021）（表3）和《土壤环境质量 农用地土壤污染风险管控标准（试行）》（GB 15618—2018）规定的二级标准（表4）。

表2 《环境空气质量标准》（GB 3095—2012）

序号	污染物项目	平均时间	浓度限制	
			一级	二级
1	二氧化硫（SO_2）/（$\mu g/m^3$）	年平均	20	60
		24h平均	50	150
		1h平均	150	500
2	二氧化氮（NO_2）/（$\mu g/m^3$）	年平均	40	40
		24h平均	80	80
		1h平均	200	200
3	一氧化碳（CO）/（mg/m^3）	24h平均	4	4
		1h平均	10	10

（续）

序号	污染物项目	平均时间	浓度限制 一级	浓度限制 二级
4	臭氧（O$_3$）/（μg/m³）	日最大8h平均	100	160
		1h平均	160	200
5	颗粒物（粒径小于等于10μm）/（μg/m³）	年平均	40	70
		24h平均	50	150
6	颗粒物（粒径小于等于2.5μm）/（μg/m³）	年平均	15	35
		24h平均	35	75

表3 《农田灌溉水质标准》（GB 5084—2021）

序号	项目类别	作物种类 水田作物	旱地作物	蔬菜
1	pH		5.5～8.5	
2	水温/℃		≤35	
3	悬浮物/（mg/L）	≤80		
4	五日生化需氧量（BOD$_5$）/（mg/L）	≤60		
5	化学需氧量（COD$_{Cr}$）/（mg/L）	≤150		

（续）

序号	项目类别	作物种类		
		水田作物	旱地作物	蔬菜
6	阴离子表面活性剂/（mg/L）	≤5		
7	氯化物（以 Cl⁻ 计）/（mg/L）		≤350	
8	硫化物（以 S²⁻ 计）/（mg/L）		≤1	
9	全盐量/（mg/L）	≤1 000（非盐碱土地区），≤2 000（盐碱土地区）		
10	总铅/（mg/L）		≤0.2	
11	总镉/（mg/L）		≤0.01	
12	铬（六价）/（mg/L）		≤0.1	
13	总汞/（mg/L）		≤0.001	
14	总砷/（mg/L）	≤0.05	≤0.1	≤0.05
15	粪大肠菌群数/（MPN/L）	≤40 000	≤40 000	≤20 000[a]，≤10 000[b]
16	蛔虫卵数/（个/10L）	≤20		≤20[a]，≤10[b]

注：a. 加工、烹调及去皮蔬菜。

b. 生食类蔬菜、瓜类和草本水果。

表4 《土壤环境质量　农用地土壤污染风险管控标准（试行）》
（GB 15618—2018）

序号	污染物项目[ab]		风险筛选值			
			pH≤5.5	5.5<pH≤6.5	6.5<pH≤7.5	pH>7.5
1	镉	水田	0.3	0.4	0.6	0.8
		其他	0.3	0.3	0.3	0.6
2	汞	水田	0.5	0.5	0.6	1.0
		其他	1.3	1.8	2.4	3.4
3	砷	水田	30	30	25	20
		其他	40	40	30	25
4	铅	水田	80	100	140	240
		其他	70	90	120	170
5	铬	水田	250	250	300	350
		其他	150	150	200	250
6	铜	果园	150	150	200	200
		其他	50	50	100	100
7	镍		60	70	100	190
8	锌		200	200	250	300

注：a. 重金属和类重金属砷按元素总量计。

b. 对于水旱轮作地，采用其中较严格的风险筛选值。

（二）品种选择

1．接穗品种

选择优质高产、商品性好、抗逆性强、适合本地栽培并通过国家登记或审定的品种：中型西瓜，如天露1号、天露2号、天露3号等；小型西瓜，如金比特等。

2．砧木品种

应选用专用嫁接砧木：绿壮士。

3．种子质量

种子应籽粒饱满，纯度≥95%，净度≥99%，水分含量≤8%，发芽率≥90%。

4．播种育苗

冬春茬，12月至翌年4月播种；夏秋茬，5—7月播种。砧木播种7～10d后接穗种子浸种催芽。如外界气温较低时，宜增加砧木与接穗播种的间隔时间。育苗按照《大棚西瓜生产技术规程》（DB33/T 2005—2016）的规定执行。

5. 壮苗要求

2 ～ 3叶1心，节间短粗，叶片浓绿，苗高10 ～ 15cm，根系发达，无病虫害。

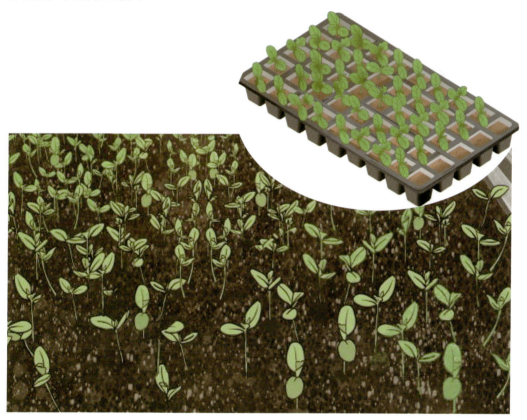

（三）栽培管理

1. 土壤管理

（1）土壤处理。不应选用葫芦科作物连作地块。连作地块宜在栽培前对土壤进行消毒处理，每亩用50%石灰氮40～60kg。

（2）翻耕定畦。定植前15d土壤翻耕耙匀、作畦，畦宽2.5～2.8m、沟宽0.3m，畦面龟背形，畦高0.25m。

（3）搭棚盖膜。早春栽培应在定植前30d搭好大棚、搭建中棚，并盖好棚膜，铺设滴灌设施并试水；定植前7d铺设地膜。夏秋栽培可利用早春大棚。

2. 定植管理

（1）定植时间。瓜苗长至2～3叶1心时定植，早春定植时10cm土层深度地温稳定在12 ℃以上，选择晴天上午定植；夏季宜选择阴天或晴天傍晚定植。

（2）定植密度。每亩中型西瓜300～400株、小型西瓜450～500株，嫁接苗相应减少20%～25%。

（3）定植方式。定植苗根系应携带完整的育苗土，定植深度保持营养土块上表面比畦面稍高。嫁接苗定植时，嫁接口应高出畦面1～2cm。

（4）定植后浇定根水，用细土封闭定植孔。及时检查成活情况，并及时补种。

3. 整枝理蔓

应在主蔓长到5～6叶时摘心，二蔓以外的侧蔓及时摘除。二蔓整枝，留主蔓和1个侧蔓，第2～3雌花留果。

4. 肥水管理

（1）基肥。结合整地施入基肥，每亩施有机肥1 000～1 500kg，同时施三元复合肥（N-P$_2$O$_5$-K$_2$O 19-7-14）20～25kg。肥料使用应符合《肥料合理使用准则 通则》（NY/T 496—2010）的要求。

（2）追肥。在施足基肥的基础上看苗追肥，推荐使用水溶性肥。宜在每批瓜坐果后7～10d施膨瓜肥。第1批瓜采摘后，每亩施硫酸钾型三元复混（合）肥10kg、硫酸钾5～10kg，并按《微量元素水溶肥料》（NY 1428—2010）的规定使用0.2%～0.3%磷酸二氢钾及微量元素肥料溶液叶面喷施1～2次。追肥施加应符合《大棚西瓜生产技术规程》（DB33/T 2005—2016）的要求。

（3）水分管理。采用微灌或滴灌方式，定植期应浇足水；缓苗期、伸蔓期应根据土壤墒情确定浇水量；开花坐果期严格控制浇水，当土壤墒情影响坐果时，宜在授粉前7d浇少量水；果实膨大期宜适量增加水量，采收前7～10d控水。如遇雨涝灾害，及时清沟理墒，排出积水。

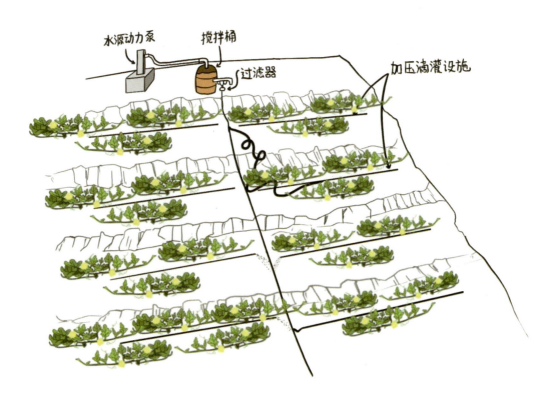

水源动力泵　搅拌桶

过滤器

加压滴灌设施

5. 花果管理

（1）坐瓜。第1批瓜选第2雌花坐瓜，中型西瓜每株坐1个瓜，小果型西瓜每株坐1～2个瓜。

（2）授粉。

人工授粉：选留节位的雌花开放时，采摘刚开花的雄花进行人工授粉，授粉后做好日期标记。早春雄花无花粉，宜选用适宜浓度的氯吡脲喷幼瓜。

蜜蜂辅助授粉：选用平湖意蜂作为授粉蜂群，在西瓜雌花开放前3～5d放蜂授粉。根据面积大小确定蜂群数量，宜每亩用一群（箱）。对棚内西瓜进行喷药防治时，应将蜂群撤出大棚，喷药后2～3d再搬入大棚至原位。

（3）定瓜。中型西瓜每株选留1个，小型西瓜每株选留1～2个果形端正且富有光泽的幼瓜。

6. 温光管理

缓苗前白天温度宜控制在28 ～ 32℃、夜间15℃以上，不宜通风；缓苗后到坐果前白天温度控制在25 ～ 30℃，适当通风增加光照；盛花期夜间温度控制在20℃左右；果实膨大期宜保持在30℃，当膨大到商品瓜大小时应适当通风降温。

7. 鸟害管理

西瓜成熟期可用防鸟网防止鸟害，用声波驱鸟器等驱赶鸟类。

（四）病虫害防治

1. 防治原则

遵循"预防为主、综合防治"的原则，优先采用农业防治、物理防治、生物防治，科学使用高效低毒、低残留、低风险的化学农药，将有害生物危害控制在经济允许阈值内。

2. 农业防治

选用抗病、抗逆性好的品种；嫁接育苗，培育无病虫害壮苗；播种前种子进行消毒处理；实行轮作倒茬；清洁田园，及时清除病枝、病叶、病果；加强棚内通风换气，合理控制温度、湿度；科学施肥、合理灌溉等。

3. 物理防治

利用部分害虫对某种颜色的喜好，在园内悬挂色板进行诱杀，每亩西瓜挂放50片左右，3～4周更换1次，色板拆除后妥善处置，防止污染环境。成虫期人工捕杀金龟子、蜗牛等，以减轻危害。

4. 生物防治

注意保护和利用瓢虫、寄生蜂、食蚜蝇等天敌，发挥生物防治作用，用有益生物消灭有害生物，以虫治虫，以菌治虫，维护自然界的生态平衡。

5. 化学防治

选用《绿色食品 农药使用准则》（NY/T 393—2020）推荐且在西瓜上已登记的农药品种，建议交替轮换使用不同作用机理的农药品种。根据主要病虫害的发生情况，适期防治，严格掌握施药剂量（或浓度）、施药次数和安全间隔期。西瓜主要病虫害防治推荐用药见表5。

表5 西瓜主要病虫害防治推荐用药

防治对象	农药通用名	含量	剂型	稀释倍数/推荐用量	防治适期及施用方法	每季最多使用次数	安全间隔期/d
枯萎病	多抗霉素	0.3%	水剂	80～100倍液	幼苗期或发病初期灌根；已发病的植株，应当拔除病株，再进行灌根	2	—
	枯草芽孢杆菌	10亿 CFU/g	可湿性粉剂	300～400倍液		2	—
	噁霉灵	15%	水剂	300～400倍液		2	—

（续）

防治对象	农药通用名	含量	剂型	稀释倍数/推荐用量	防治适期及施用方法	每季最多使用次数	安全间隔期/d
蔓枯病炭疽病	苯甲·嘧菌酯	325g/L	悬浮剂	30～50mL/亩	发病初期，喷雾使用	3	7
	啶氧菌酯	22.5%	悬浮剂	35～45mL/亩		3	14
白粉病	氟菌唑	30%	可湿性粉剂	15～18g/亩	发病初期，喷雾使用	3	7
	苯甲·嘧菌酯	40%	悬浮剂	30～40mL/亩	发病初期，喷雾使用，不应与乳油类农药和助剂混用	2	14
猝倒病	嘧菌·噁霉灵	0.4%	颗粒剂	10 000～15 000g/亩	播种或移栽前穴施	1	—
蚜虫	噻虫嗪	25%	水分散粒剂	8～10g/亩	虫害高发期，喷雾使用	2	7
	啶虫脒	70%	水分散粒剂	2～4g/亩	发病初期，喷雾使用	1	10
	除虫菊提取物	0.5%	可溶液剂	240～480g/亩		—	—

（续）

防治对象	农药通用名	含量	剂型	稀释倍数/推荐用量	防治适期及施用方法	每季最多使用次数	安全间隔期/d
烟粉虱	螺虫·噻虫啉	22%	悬浮剂	30～40mL/亩	发病初期，喷雾使用	2	14
	溴氰虫酰胺	10%	可分散油悬浮剂	33.3～40mL/亩	授粉前期，喷雾使用	3	5
红蜘蛛	乙螨唑	110g/L	悬浮剂	3 500～5 000倍液	喷雾使用	1	3
蓟马	乙基多杀菌素	60g/L	悬浮剂	40～50mL/亩	虫害高发期，喷雾使用	2	5
	溴氰虫酰胺	10%	可分散油悬浮剂	33.3～40mL/亩		3	5

（五）产品检测

采收前应进行质量安全检测，检测合格后方可上市销售。检测报告至少保存2年。

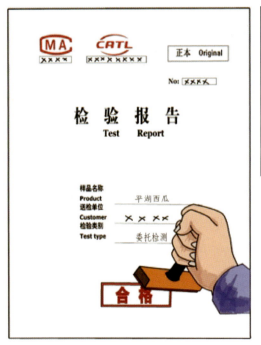

（六）采收管理

1. 采收要求

　　根据授粉坐果日期、品种特性及生育期温度，结合试尝确定成熟度，合理掌握采收日期。近距离销售时，于清晨采摘；远距离销售时，于傍晚采摘；保留5cm左右瓜柄。

2. 质量分级

采收后的西瓜按品种进行分级，平湖西瓜质量分级见表6。

表6　平湖西瓜质量分级

项　目	特级	一级	二级
果形	端正，具有本品种固有特征		基本端正，允许有轻微偏差，但仍具有本品种固有特征
外观	具有本品种固有的底色、条纹，且底色均匀一致，条纹清晰		具有本品种固有的底色、条纹，允许底色有轻微差别，底色、条纹的色泽基本均匀
剖面	均匀一致，无黄白筋，无硬块，无空心		均匀性较一致，允许有少量黄白筋和小硬块、少量空心
风味和口感	肉质松脆多汁，甘甜爽口，无异味，纤维少		肉质较松脆多汁，甘甜适口，少量异味，纤维较少
果面缺陷	无	允许不超过果面2%的机械损伤、摩擦伤、刺伤、病虫斑等	允许不超过果面5%的机械损伤、摩擦伤、刺伤、病虫斑等
可溶性固形物（中心）/%	≥11.5	≥11.0	≥10.5

（续）

项　目	特级	一级	二级
可溶性固形物（边缘）/%	≥9.0	≥8.5	≥8.0

质量安全

采收→质检→食用

（七）西瓜贮藏

西瓜在贮藏时，严禁与有毒、有异味、有害及能传播病虫害的物品混合存放、运输。

临时贮藏，应存放在阴凉、通风、干净的地方。堆码整齐，防止挤压损伤，严防日晒、雨淋。

长期贮藏，应分品种、分等级堆码，贮藏库温度应保持在3～5℃，相对湿度宜控制在55%以下，注意保持库温、防止污染。

（八）包装运输

1.包装

包装箱上应标明产品名称、产地、采摘日期、生产单位等，并附承诺达标合格证。对已经获准使用绿色食品、农产品地理标志或名特优新农产品标志的，可在其产品或包装上加贴相应的标志。包装箱材质应符合《运输包装用单瓦楞纸箱和双瓦楞纸箱》（GB/T 6543—2008）的要求，包装标识应符合《新鲜水果包装标

识　通则》（NY/T 1778—2009）的规定。

2.运输

　　运输工具应清洁、干燥，不得与有毒、有害、有异味的物品混合存放、运输。在装卸中应轻装轻放。

（九）生产记录

建立完整的生产档案，包括投入品采购记录、生产过程记录、病虫害防治记录、施肥记录等，生产档案至少保存3年。

（十）产品溯源

鼓励应用二维码和网络等技术，建立西瓜追溯信息体系，将西瓜生产、加工、流通、销售等各节点信息互联互通，实现西瓜产品从生产到消费的全程质量管控。

16:20　　　　　　　　.ıll 🤙 🔋 80

✕　　　　　浙农优品　　　　···

西瓜

此标签已扫描125次

承诺达标合格证	绿色食品	农产品地理标志	网上农博

我承诺销售的食用农产品：

✓ 不使用禁用农药兽药、停用兽药和非法添加物

✓ 常规农药兽药残留不超标

✓ 对承诺的真实性负责

承诺依据：

✓ 质量安全控制符合要求

✓ 自行检测合格

✓ 委托检测合格

个
顶部

‹　　　　　›

五、西瓜生产投入品管理

（一）农资采购

一要看证照

要到经营证照齐全、经营信誉良好的合法农资商店购买。不要从流动商贩或无证经营的农资商店购买。

二要看标签

　　要认真查看产品包装和标签标识上的农药名称、有效成分及含量、农药登记证号、农药生产许可证号或农药生产批准文件号、产品标准号、企业名称及联系方式、生产日期、产品批号、有效期、用途、使用技术和使用方法、毒性等事项，查验产品质量合格证。不要盲目轻信广告宣传和商家的推荐。

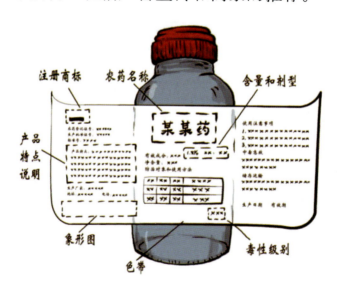

三要索取票据

　　要向经营者索要销售凭证，并连同产品包装物、标签等妥善保存好，以备出现质量等问题时作为索赔依据。不要接受未注明品种、名称、数量、价格及销售者的字据或收条。

（二）农资存放

农药和肥料存放时需分门别类；存放农药的地方须上锁；使用后剩余农药应保存在原来的包装容器内。

（三）农资使用

为保障操作者身体安全，特别是预防农药中毒，操作者作业时须做好防护，如穿戴帽子、保护眼罩、口罩、手套、防护服等。身体不舒服时，不宜喷洒农药。喷洒农药后，出现呼吸困难、呕吐、抽搐等症状时应及时就医，并准确告诉医生喷洒农药名称及种类。

（四）废弃物处置

农业废弃物，特别是农药使用后的包装物（空农药瓶、农药袋子等）以及废弃药液或过期药液，应妥善收集和处理，不得随意丢弃。

六、产品认证

绿色食品

绿色食品，指产自优良生态环境、按照绿色食品标准生产、实行全程质量控制并获得绿色食品标志使用权的安全、优质食用农产品及相关产品。

有机农产品

　　有机农产品，指根据有机农业原则和有机农产品生产方式及标准生产、加工出来，并通过有机食品认证机构认证的农产品。

附　　录

附录1　农药基本知识

农药分类

杀虫剂	杀菌剂
主要用来防治农、林、卫生、贮粮等方面的害虫	对植物体内的真菌、细菌或病毒等具有杀灭或抑制作用，用以预防或防治作物各种病害的药剂

除　草　剂

用来杀灭或控制杂草生长的农药，称为除草剂，也称除莠剂

植物生长调节剂

指人工合成或天然的具有天然植物激素活性的物质

农药毒性标识

农药毒性分为剧毒、高毒、中等毒、低毒、微毒5个级别。

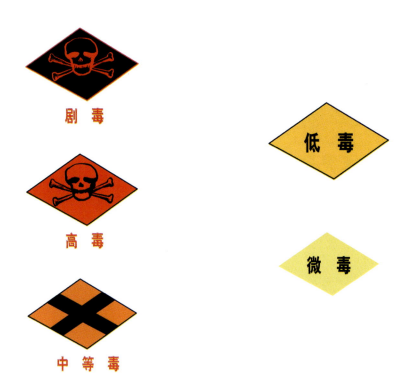

剧　毒

高　毒

中　等　毒

低　毒

微　毒

象形图

象形图应根据产品实际使用的操作要求和顺序排列，包括贮存象形图、操作象形图、忠告象形图、警告象形图。

贮存象形图	放在儿童接触不到的地方，并加锁		
操作象形图	配制液体农药时	配制固体农药时	喷药时
忠告象形图	戴手套	戴防护罩	戴防毒面具
	用药后需洗手	戴口罩	穿胶靴
警告象形图	危险/对家畜有害	危险/对鱼类有害，不要污染湖泊、池塘和小溪	

附录2 西瓜相关标准

目前，我国西瓜种植广泛，各地根据实际生产需求制定了相关标准。国家标准14项，行业标准18项，地方及团体标准327项，涵盖了生产技术、品质、规格、检验方法等方面。我国现行有效的国家标准、行业标准和浙江省地方标准见附表2-1。

附表2-1 我国部分现行有效的西瓜的国家标准、
行业标准和浙江省地方标准

标准编号	标准名称
GB 16715.1—2010	瓜菜作物种子 第1部分：瓜类
GB/T 17980.112—2004	农药 田间药效试验准则（二）第112部分：杀菌剂防治瓜类炭疽病
GB/T 17980.113—2004	农药 田间药效试验准则（二）第113部分：杀菌剂防治瓜类枯萎病
GB/T 19557.27—2022	植物品种特异性(可区别性)、一致性和稳定性测试指南 西瓜
GB/T 22446—2008	地理标志产品 大兴西瓜

（续）

标准编号	标准名称
GB/T 23416.3—2009	蔬菜病虫害安全防治技术规范　第3部分：瓜类
GB/T 27659—2011	无籽西瓜分等分级
GB/T 36781—2018	瓜类种传病毒检疫鉴定方法
GB/T 36822—2018	瓜类果斑病菌检疫鉴定方法
GB/T 36855—2018	西瓜种子产地检疫规程
GB/T 37279—2018	进出境瓜类种子检疫规程　细菌
GH/T 1153—2021	西瓜
NY/T 427—2016	绿色食品　西甜瓜
NY/T 584—2002	西瓜（含无子西瓜）
NY/T 2387—2013	农作物优异种质资源评价规范　西瓜
NY/T 2472—2013	西瓜品种鉴定技术规程　SSR分子标记法
NY/T 3626—2020	西瓜抗枯萎病鉴定技术规程
NY/T 4247—2022	设施西瓜生产全程质量控制技术规范
NY/T 5111—2002	无公害食品　西瓜生产技术规程

（续）

标准编号	标准名称
SN/T 1465—2004	西瓜细菌性果斑病菌检疫鉴定方法
SB/T 11029—2013	瓜类蔬菜流通规范
SB/T 11030—2013	瓜类贮运保鲜技术规范
DB33/T 994—2015	西瓜抗枯萎病性评价技术规范
DB33/T 2005—2016	大棚西瓜生产技术规程

附录3　中国西瓜农药最大残留限量

在质量安全方面，我国《食品安全国家标准　食品中农药最大残留限量》（GB 2763—2021）、《食品安全国家标准　食品中2,4-滴丁酸钠盐等112种农药最大残留限量》（GB 2763.1—2022）主要规定了以下农药在西瓜中的最大残留限量（173项）。其中，阿维菌素、百菌清等89种农药进行了登记，具体见附表3-1。

附表3-1　西瓜中农药最大残留限量

序号	农药中文名称	农药英文名称	功能	最大残留限量/(mg/kg)	是否登记
1	阿维菌素	abamectin	杀虫剂	0.02	登记
2	百菌清	chlorothalonil	杀菌剂	5	登记
3	保棉磷	azinphos-methyl	杀虫剂	0.2	未登记
4	苯醚甲环唑	difenoconazole	杀菌剂	0.1	登记
5	苯霜灵	benalaxyl	杀菌剂	0.1	未登记
6	吡唑醚菌酯	pyraclostrobin	杀菌剂	0.5	登记
7	吡唑萘菌胺	isopyrazam	杀菌剂	0.1^*	登记

（续）

序号	农药中文名称	农药英文名称	功能	最大残留限量/(mg/kg)	是否登记
8	丙硫多菌灵	albendazole	杀菌剂	0.05*	未登记
9	丙森锌	propineb	杀菌剂	1	登记
10	春雷霉素	kasugamycin	杀菌剂	0.1*	登记
11	代森铵	amobam	杀菌剂	1	登记
12	代森联	metiram	杀菌剂	1	登记
13	代森锰锌	mancozeb	杀菌剂	1	登记
14	代森锌	zineb	杀菌剂	1	登记
15	稻瘟灵	isoprothiolane	杀菌剂	0.1	登记
16	敌草胺	napropamide	除草剂	0.05	登记
17	敌磺钠	fenaminosulf	杀菌剂	0.1*	登记
18	啶虫脒	acetamiprid	杀虫剂	0.2	登记
19	啶氧菌酯	picoxystrobin	杀菌剂	0.05	登记
20	多菌灵	carbendazim	杀菌剂	2	登记
21	多抗霉素	polyoxins	杀菌剂	0.5*	登记

（续）

序号	农药中文名称	农药英文名称	功能	最大残留限量/(mg/kg)	是否登记
22	噁霉灵	hymexazol	杀菌剂	0.5*	登记
23	噁唑菌酮	famoxadone	杀菌剂	0.2	登记
24	二氰蒽醌	dithianon	杀菌剂	1*	登记
25	呋虫胺	dinotefuran	杀虫剂	1	登记
26	氟吡甲禾灵和高效氟吡甲禾灵	haloxyfop-methyl and haloxyfop-P-methyl	除草剂	0.1*	登记
27	氟吡菌胺	fluopicolide	杀菌剂	0.1*	登记
28	氟吡菌酰胺	fluopyram	杀菌剂	0.1*	登记
29	氟菌唑	triflumizole	杀菌剂	0.2*	登记
30	氟氯氰菊酯和高效氟氯氰菊酯	cyfluthrin and beta-cyfluthrin	杀虫剂	0.1	登记
31	氟烯线砜	fluensulfone	杀线虫剂	0.3*	登记
32	福美锌	ziram	杀菌剂	1	登记
33	咯菌腈	fludioxonil	杀菌剂	0.05	登记

（续）

序号	农药中文名称	农药英文名称	功能	最大残留限量/(mg/kg)	是否登记
34	己唑醇	hexaconazole	杀菌剂	0.05	登记
35	甲氨基阿维菌素苯甲酸盐	emamectin benzoate	杀虫剂	0.1	登记
36	甲基硫菌灵	thiophanate-methyl	杀菌剂	2	登记
37	甲霜灵和精甲霜灵	metalaxyl and metalaxyl-M	杀菌剂	0.2	登记
38	喹禾灵和精喹禾灵	quizalofop-ethyl and quizalofop-P-ethyl	除草剂	0.2*	登记
39	喹啉铜	oxine-copper	杀菌剂	0.2	登记
40	螺甲螨酯	spiromesifen	杀螨剂	0.09*	登记
41	氯吡脲	forchlorfenuron	植物生长调节剂	0.1	登记
42	咪鲜胺和咪鲜胺锰盐	prochloraz and prochloraz-manganese chloride complex	杀菌剂	0.1	登记

（续）

序号	农药中文名称	农药英文名称	功能	最大残留限量/(mg/kg)	是否登记
43	醚菌酯	kresoxim-methyl	杀菌剂	0.02	登记
44	嘧菌酯	azoxystrobin	杀菌剂	1	登记
45	氰霜唑	cyazofamid	杀菌剂	0.5	登记
46	噻虫啉	thiacloprid	杀虫剂	0.2	登记
47	噻虫嗪	thiamethoxam	杀虫剂	0.2	登记
48	噻唑膦	fosthiazate	杀线虫剂	0.1	登记
49	申嗪霉素	phenazino-1-carboxylic acid	杀菌剂	0.02*	登记
50	双胍三辛烷基苯磺酸盐	iminoctadinetris（albesilate）	杀菌剂	0.2*	登记
51	双炔酰菌胺	mandipropamid	杀菌剂	0.2*	登记
52	肟菌酯	trifloxystrobin	杀菌剂	0.2	登记
53	五氯硝基苯	quintozene	杀菌剂	0.02	登记
54	戊菌唑	penconazole	杀菌剂	0.05	登记
55	戊唑醇	tebuconazole	杀菌剂	0.1	登记

(续)

序号	农药中文名称	农药英文名称	功能	最大残留限量/(mg/kg)	是否登记
56	溴菌腈	bromothalonil	杀菌剂	0.2*	登记
57	溴氰虫酰胺	cyantraniliprole	杀虫剂	0.05	登记
58	乙基多杀菌素	spinetoram	杀虫剂	0.1*	登记
59	异菌脲	iprodione	杀菌剂	0.5	登记
60	仲丁灵	butralin	除草剂	0.1	登记
61	氟啶虫胺腈	sulfoxaflor	杀虫剂	0.02	登记
62	氟唑菌酰羟胺	pydiflumetofen	杀菌剂	0.02*	登记
63	螺虫乙酯	spirotetramat	杀虫剂	0.1	登记
64	胺苯磺隆	ethametsulfuron	除草剂	0.01	禁用
65	巴毒磷	crotoxyphos	杀虫剂	0.02*	未登记
66	百草枯	paraquat	除草剂	0.02*	禁用
67	倍硫磷	fenthion	杀虫剂	0.05	登记
68	苯并烯氟菌唑	benzovindiflupyr	杀菌剂	0.2*	登记
69	苯菌酮	metrafenone	杀菌剂	0.5*	登记

（续）

序号	农药中文名称	农药英文名称	功能	最大残留限量/(mg/kg)	是否登记
70	苯酰菌胺	zoxamide	杀菌剂	2	登记
71	苯线磷	fenamiphos	杀虫剂	0.02	禁用
72	吡虫啉	imidacloprid	杀虫剂	0.2	登记
73	丙炔氟草胺	flumioxazin	除草剂	0.02	登记
74	丙酯杀螨醇	chloropropylate	杀虫剂	0.02*	未登记
75	草甘膦	glyphosate	除草剂	0.1	登记
76	草枯醚	chlornitrofen	除草剂	0.01*	未登记
77	草芽畏	2,3,6-TBA	除草剂	0.01*	未登记
78	敌百虫	trichlorfon	杀虫剂	0.2	登记
79	敌草腈	cichlobenil	除草剂	0.01*	未登记
80	敌敌畏	dichlorvos	杀虫剂	0.2	登记
81	敌螨普	dinocap	杀菌剂	0.05*	未登记
82	地虫硫磷	fonofos	杀虫剂	0.01	禁用
83	丁硫克百威	carbosulfan	杀虫剂	0.01	禁用

（续）

序号	农药中文名称	农药英文名称	功能	最大残留限量/(mg/kg)	是否登记
84	毒虫畏	chlorfenvinphos	杀虫剂	0.01	未登记
85	毒菌酚	hexachlorophene	杀菌剂	0.01*	未登记
86	对硫磷	parathion	杀虫剂	0.01	禁用
87	多杀霉素	spinosad	杀虫剂	0.2*	登记
88	二溴磷	naled	杀虫剂	0.01*	未登记
89	粉唑醇	flutriafol	杀菌剂	0.3	登记
90	氟虫腈	fipronil	杀虫剂	0.02	登记
91	氟除草醚	fluoronitrofen	除草剂	0.01*	未登记
92	氟啶虫酰胺	flonicamid	杀虫剂	0.2	登记
93	氟噻唑吡乙酮	oxathiapiprolin	杀菌剂	0.2*	登记
94	氟唑菌酰胺	fluxapyroxad	杀菌剂	0.2*	登记
95	格螨酯	2,4-dichlorophenyl benzenesulfonate	杀螨剂	0.01*	未登记
96	庚烯磷	heptenophos	杀虫剂	0.01*	未登记

（续）

序号	农药中文名称	农药英文名称	功能	最大残留限量/(mg/kg)	是否登记
97	环螨酯	cycloprate	杀螨剂	0.01*	未登记
98	活化酯	acibenzolar-S-methyl	杀菌剂	0.8	未登记
99	甲胺磷	methamidophos	杀虫剂	0.05	禁用
100	甲拌磷	phorate	杀虫剂	0.01	禁用
101	甲磺隆	metsulfuron-methyl	除草剂	0.01	禁用
102	甲基对硫磷	parathion-methyl	杀虫剂	0.02	禁用
103	甲基硫环磷	phosfolan-methyl	杀虫剂	0.03*	禁用
104	甲基异柳磷	isofenphos-methyl	杀虫剂	0.01*	禁用
105	甲氰菊酯	fenpropathrin	杀虫剂	5	登记
106	甲氧滴滴涕	methoxychlor	杀虫剂	0.01	未登记
107	久效磷	monocrotophos	杀虫剂	0.03	禁用
108	抗蚜威	pirimicarb	杀虫剂	1	登记
109	克百威	carbofuran	杀虫剂	0.02	禁用

（续）

序号	农药中文名称	农药英文名称	功能	最大残留限量/(mg/kg)	是否登记
110	乐果	dimethoate	杀虫剂	0.01	禁用
111	乐杀螨	binapacryl	杀螨剂 杀菌剂	0.05*	未登记
112	联苯肼酯	bifenazate	杀螨剂	0.5	登记
113	磷胺	phosphamidon	杀虫剂	0.05	禁用
114	硫丹	endosulfan	杀虫剂	0.05	禁用
115	硫环磷	phosfolan	杀虫剂	0.03	禁用
116	氯苯甲醚	chloroneb	杀菌剂	0.01	未登记
117	氯虫苯甲酰胺	chlorantraniliprole	杀虫剂	0.3*	登记
118	氯氟氰菊酯和高效氯氟氰菊酯	cyhalothrin and lambda-cyhalothrin	杀虫剂	0.05	登记
119	氯磺隆	chlorsulfuron	除草剂	0.01	禁用
120	氯菊酯	permethrin	杀虫剂	2	登记
121	氯氰菊酯和高效氯氰菊酯	cypermethrin and beta-cypermethrin	杀虫剂	0.07	登记

（续）

序号	农药中文名称	农药英文名称	功能	最大残留限量/ (mg/kg)	是否登记
122	氯酞酸	chlorthal	除草剂	0.01*	未登记
123	氯酞酸甲酯	chlorthal-dimethyl	除草剂	0.01	未登记
124	氯唑磷	isazofos	杀虫剂	0.01	禁用
125	茅草枯	dalapon	除草剂	0.01*	未登记
126	咪唑菌酮	fenamidone	杀菌剂	0.2	未登记
127	嘧菌环胺	cyprodinil	杀菌剂	0.5	登记
128	灭草环	tridiphane	除草剂	0.05*	未登记
129	灭多威	methomyl	杀虫剂	0.2	禁用
130	灭螨醌	acequincyl	杀螨剂	0.01	未登记
131	灭线磷	ethoprophos	杀线虫剂	0.02	禁用
132	内吸磷	demeton	杀虫剂 杀螨剂	0.02	禁用
133	嗪氨灵	triforine	杀菌剂	0.5*	未登记
134	氰戊菊酯和 S-氰戊菊酯	fenvalerate and esfenvalerate	杀虫剂	0.2	登记

（续）

序号	农药中文名称	农药英文名称	功能	最大残留限量/(mg/kg)	是否登记
135	噻螨酮	hexythiazox	杀螨剂	0.05	登记
136	三氟硝草醚	fluorodifen	除草剂	0.01*	未登记
137	三氯杀螨醇	dicofol	杀螨剂	0.01	禁用
138	三唑醇	triadimenol	杀菌剂	0.2	登记
139	三唑酮	triadimefon	杀菌剂	0.2	登记
140	杀虫脒	chlordimeform	杀虫剂	0.01	禁用
141	杀虫畏	tetrachlorvinphos	杀虫剂	0.01	未登记
142	杀螟硫磷	fenitrothion	杀虫剂	0.5	登记
143	杀扑磷	methidathion	杀虫剂	0.05	禁用
144	霜霉威和霜霉威盐酸盐	propamocarb and propamocarb hydrochloride	杀菌剂	5	登记
145	水胺硫磷	isocarbophos	杀虫剂	0.05	禁用
146	速灭磷	mevinphos	杀虫剂 杀螨剂	0.01	未登记

（续）

序号	农药中文名称	农药英文名称	功能	最大残留限量/ (mg/kg)	是否 登记
147	特丁硫磷	terbufos	杀虫剂	0.01*	禁用
148	特乐酚	dinoterb	除草剂	0.01*	未登记
149	涕灭威	aldicarb	杀虫剂	0.02	禁用
150	戊硝酚	dinosam	杀虫剂 除草剂	0.01*	未登记
151	烯虫炔酯	kinoprene	杀虫剂	0.01*	未登记
152	烯虫乙酯	hydroprene	杀虫剂	0.01*	未登记
153	烯酰吗啉	dimethomorph	杀菌剂	0.5	登记
154	消螨酚	dinex	杀螨剂 杀虫剂	0.01*	未登记
155	辛硫磷	phoxim	杀虫剂	0.05	登记
156	溴甲烷	methyl bromide	熏蒸剂	0.02*	禁用
157	氧乐果	omethoate	杀虫剂	0.02	禁用
158	乙酰甲胺磷	acephate	杀虫剂	0.02	禁用
159	乙酯杀螨醇	chlorobenzilate	杀螨剂	0.01	未登记

（续）

序号	农药中文名称	农药英文名称	功能	最大残留限量/(mg/kg)	是否登记
160	抑草蓬	erbon	除草剂	0.05*	未登记
161	茚草酮	indanofan	除草剂	0.01*	未登记
162	蝇毒磷	coumaphos	杀虫剂	0.05	禁用
163	增效醚	piperonyl butoxide	增效剂	1	未登记
164	治螟磷	sulfotep	杀虫剂	0.01	禁用
165	艾氏剂	aldrin	杀虫剂	0.05	禁用
166	滴滴涕	DDT	杀虫剂	0.05	禁用
167	狄氏剂	dieldrin	杀虫剂	0.02	禁用
168	毒杀芬	camphechlor	杀虫剂	0.05*	禁用
169	六六六	HCH	杀虫剂	0.05	禁用
170	氯丹	chlordane	杀虫剂	0.02	未登记
171	灭蚁灵	mirex	杀虫剂	0.01	未登记
172	七氯	heptachlor	杀虫剂	0.01	未登记
173	异狄氏剂	endrin	杀虫剂	0.05	未登记

注：* 表示该限量为临时限量。

附录4　国内外西瓜农药最大残留限量比对

通过查询中国、国际食品法典委员会（CAC）、欧盟、韩国、日本、美国残留限量数据平台发现，中国对西瓜类水果的农药MRLs规定共计173项，CAC对西瓜类水果的农药MRLs规定共计9项，欧盟对西瓜类水果的农药MRLs规定共计498项，韩国对西瓜类水果的农药MRLs规定共计148项，日本对西瓜类水果的农药MRLs规定共计271项，美国对西瓜类水果的农药MRLs规定共计153项，6个国家（地区）和组织共涉及677项农药残留限量。

在6个国家（地区）和组织的677项农药中（由于CAC中数据较少，已将CAC数据与中国数据合并），中国/CAC、欧盟、日本、韩国及美国均制定残留限量的农药仅有阿维菌素、灭螨醌、啶虫脒、嘧菌酯、联苯肼酯、氯虫苯甲酰胺、百菌清、溴氰虫酰胺、氰霜唑、苯醚甲环唑等28项（附表4-1），说明这6个国家（地区）和组织对在西瓜上使用农药的种类差异极大，共同关注的仅为4.14%。共同设定限量的28项农药中，6个国家（地区）和组织均未有1项农药的限量值是一致的。以苯酰菌胺为例，中国、欧盟和日本设定的限量为2.0mg/kg，而韩国设定的限量仅为0.05mg/kg，限量之间存在40倍的差异，这对于西瓜的进出口存在较大的影响。同时，侧面反映出6个国家（地区）和组织是立足本国家（地区）和组织的食品安全需求，以保护本区域内的农产品质量安全为目标，进行农药残留限量的规定。

附表4-1　不同国家（地区）和组织西瓜常用农药MRLs标准（mg/kg）

农药中文名称	农药英文名称	中国/CAC	欧盟	美国	日本	韩国
阿维菌素	abamectin	0.02	0.01[*]	0.005	0.05	0.01
灭螨醌	acequincyl	0.01	0.01[*]	0.3	0.5	0.2
啶虫脒	acetamiprid	0.2	0.2	0.5	0.3	0.1
嘧菌酯	azoxystrobin	1	1	0.3	1	0.2
联苯肼酯	bifenazate	0.5	0.5	0.75	0.5	0.1
氯虫苯甲酰胺	chlorantraniliprole	0.3[*]	0.3	0.5	0.1	0.05
百菌清	chlorothalonil	5	0.01[*]	5	5	0.1

（续）

农药中文名称	农药英文名称	中国/CAC	欧盟	美国	日本	韩国
溴氰虫酰胺	cyantraniliprole	0.05	0.4	0.7	0.3	0.3
氰霜唑	cyazofamid	0.5	0.15	0.1	0.6	1
苯醚甲环唑	difenoconazole	0.1 （CAC 0.02）	0.2	0.7	0.2	0.05
烯酰吗啉	dimethomorph	0.5	0.5	0.5	0.5	0.1
咪唑菌酮	fenamidone	0.2	0.01*	0.15	0.15	0.2
氟啶虫酰胺	flonicamid	0.2	0.4	1.5	2	0.5
咯菌腈	fludioxonil	0.05	0.3	0.03	1	0.2
吡虫啉	imidacloprid	0.2	0.15	0.5	0.5	0.05
醚菌酯	kresoxim-methyl	0.02	0.5	0.4	1	0.2
双炔酰菌胺	mandipropamid	0.2*	0.3	0.6	0.2	1
灭多威	methomyl	0.2	0.015	0.2	1	1
吡唑醚菌酯	pyraclostrobin	0.5	0.5	0.5	0.2	0.1
乙基多杀菌素	spinetoram	0.1*	0.03	0.3	0.08	0.05
多杀霉素	spinosad	0.2*	1	0.3	0.3	0.1

（续）

农药中文名称	农药英文名称	中国/CAC	欧盟	美国	日本	韩国
螺甲螨酯	spiromesifen	0.09*	0.3	0.1	0.3	0.2
氟啶虫胺腈	sulfoxaflor	0.02	0.5	0.4	0.5	0.3
戊唑醇	tebuconazole	0.1	0.15	0.4	0.2	1
噻虫嗪	thiamethoxam	0.2	0.15	0.2	0.2	0.1
肟菌酯	trifloxystrobin	0.2	0.3	0.5	0.3	0.5
氟菌唑	triflumizole	0.2*	0.02*	0.5	0.2	0.5
苯酰菌胺	zoxamide	2	2	1	2	0.05

注：* 表示该限量为临时限量。

图书在版编目（CIP）数据

平湖西瓜全产业链质量安全风险管控手册 / 郑蔚然，李勤锋，徐冬毅主编. -- 北京 : 中国农业出版社，2025.6. -- (特色农产品质量安全管控"一品一策"丛书). -- ISBN 978-7-109-33290-4

Ⅰ.S651-62

中国国家版本馆CIP数据核字第20254ZZ834号

中国农业出版社出版

地址：北京市朝阳区麦子店街18号楼

邮编：100125

责任编辑：周晓艳　耿韶磊

版式设计：杨　婧　　责任校对：吴丽婷　　责任印制：王　宏

印刷：中农印务有限公司

版次：2025年6月第1版

印次：2025年6月北京第1次印刷

发行：新华书店北京发行所

开本：787mm×1092mm　1/24

印张：$3\frac{2}{3}$

字数：45千字

定价：35.00元
